超级飞侠 3

好玩的数学

时间大作战

奥飞动漫／著　天代出版／编

全国百佳出版单位
吉林出版集团股份有限公司

图书在版编目（CIP）数据

超级飞侠3好玩的数学.时间大作战 / 奥飞动漫著；
天代出版编. —— 长春：吉林出版集团股份有限公司，
2018.1

ISBN 978-7-5581-2659-8

Ⅰ.①超… Ⅱ.①奥… ②天… Ⅲ.①数学 – 儿童教
育 – 教学参考资料 Ⅳ.①O1

中国版本图书馆CIP数据核字(2017)第104342号

CHAOJI FEIXIA 3 HAOWAN DE SHUXUE SHIJIAN DA ZUOZHAN

超级飞侠3　好玩的数学　时间大作战

著：奥飞动漫		编：天代出版	
丛书策划：徐彦茗		责任编辑：欧阳鹏	
技术编辑：王会莲　徐　慧		特约编辑：边晓晓	
封面设计：徐　莉		排版制作：刘弘毅	
开　本：787mm×1092mm　1/16		字　数：50千字	
印　张：3		版　次：2018年1月第1版	
印　次：2018年1月第1次印刷			

出　版：吉林出版集团股份有限公司		发　行：吉林出版集团外语教育有限公司	
地　址：长春市泰来街1825号		邮　编：130011	
电　话：总编办：0431-86012683		网　址：www.360hours.com	
发行部：010-62383838		印　刷：北京瑞禾彩色印刷有限公司	
0431-86012767			

ISBN 978-7-5581-2659-8　定价：16.80元

亲爱的爸爸妈妈：

　　3～6岁的儿童处于知识积累的敏感期，这个年龄段的孩子会对各个领域的知识表现出浓厚的兴趣，而且学得特别快。如果能够把握住这个关键时期，给予孩子适当的指导，那么孩子不仅可以充分感受到认识世界的快乐，还能为以后的学习打下良好的基础。

　　《3～6岁儿童学习与发展指南》提出："数学应扎根于儿童的生活与经验，在探索中发现数学和学习数学，并学会运用数学去解决日常生活中的问题，从而获得自信，感受和体验到数学的乐趣。"在这个时期，数学领域认知的重点应放在数学思维方法的形成和训练上，认知内容应贴近儿童的生活经验，认知方式应采取游戏的形式，让儿童在游戏中、生活中、活动中学习数学。

　　《超级飞侠3 好玩的数学》系列是一套专为3～6岁儿童精心打造的数学思维能力训练游戏书。本系列图书内容全面，涵盖了基础知识认知、思维能力训练、数学在生活中的运用等；游戏形式多样，找不同、数字迷宫、连线、涂色……让孩子在轻松、愉快的氛围中掌握数学知识，提高数学思维能力，培养数学学习兴趣。

　　我们衷心希望这套图书能够帮助孩子赢在数学启蒙的起跑线上，为今后的数学学习奠定坚实基础。

超级飞侠3 好玩的数学 编委会

歌星爱粉丝

小朋友，请你看图说一说这是上午吗？图中的哪些信息告诉了你呢，把它们用红色的笔圈出来吧。

请你看图找一找哪些是上午发生的事情，用红笔圈出来吧。

下面两幅图中有 5 处不同，请你找一找。再说一说这是上午还是下午，你是如何分辨出来的呢？

这是 _____，通过 _____ 来分辨。

我爱我家

小朋友，请你看图说一说这是下午吗？图中的哪条信息告诉了你呢，把它用蓝色的笔圈出来吧。

请你看图找一找哪件是下午发生的事情，用你喜欢的颜色圈出来吧。

下面两幅图中有 5 处不同，请你找一找。再说一说这是上午还是下午，你是如何分辨出来的呢？

营业时间：下午 4:00 至晚上 10:00
中餐馆

营业时间：下午 4:00 至晚上 10:00
餐馆

这是 _____，通过 _____ 来分辨。

北京包子铺

去送包子啦！

小朋友，请你看图说一说这是白天吗？图中的哪条信息告诉了你呢，把它用绿色的笔圈出来吧。

请你找出哪幅图是白天，并在图上画一个太阳。

下面两幅图中有 5 处不同，请你找一找。再说一说这是白天还是晚上，你是如何分辨出来的呢？

这是 ＿＿＿＿＿＿＿＿ ，通过 ＿＿＿＿＿＿＿＿＿＿＿＿＿＿ 来分辨。

神秘的古堡

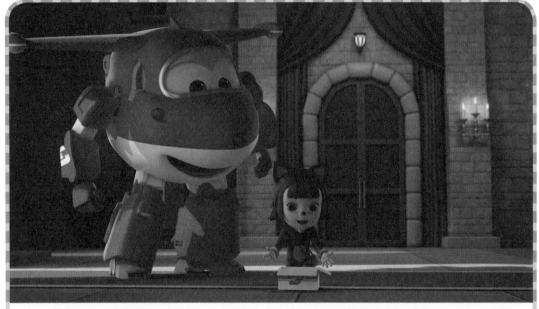

小朋友，请你看图说一说这是晚上吗？图中的哪些信息告诉了你呢，把它们用绿色的笔圈出来吧。

请你找出哪幅图是晚上，并在图画里画一个月亮。

下面两幅图中有 5 处不同，请你找一找。再说一说这是白天还是晚上，你是如何分辨出来的呢？

这是 ＿＿＿＿＿＿＿＿＿＿ ，通过 ＿＿＿＿＿＿＿＿＿＿＿＿＿＿＿＿＿＿＿ 来分辨。

芬兰大雪球

今天是 12 月 22 日，我们一起堆了一个大雪人。

12 月

日	一	二	三	四	五	六
					1	2
3	4	5	6	7 大雪	8	9
10	11	12	13	14	15	16
17	18	19	20	21	22 冬至	23
24	25	26	27	28	29	30
31						

　　小朋友，请你从日历中找出乐迪所说的时间，并用黄色的笔圈出来。再说一说这天是星期几，是什么节气吧。

　　请你从日历中找出 6 月 1 日，10 月 1 日，10 月 4 日，10 月 28 日，再说一说这天是星期几，是什么节日吧。

6 月

日	一	二	三	四	五	六
				1 儿童节	2	3
4	5	6	7	8	9	10
11	12	13	14	15	16	17
18	19	20	21	22	23	24
25	26	27	28	29	30	

10 月

日	一	二	三	四	五	六
1 国庆节	2	3	4 中秋节	5	6	7
8	9	10	11	12	13	14
15	16	17	18	19	20	21
22	23	24	25	26	27	28 重阳节
29	30	31				

12

乐迪在 12 月去看了泰姬陵，小青在 10 月去看了狮身人面像，酷飞在 7 月去看了长城，包警长在 2 月去看了埃菲尔铁塔，小爱在 5 月去看了自由女神像，多多在 6 月去看了莫斯科的红场。请小朋友根据这些飞行信息，把左中右三栏用线连接起来。

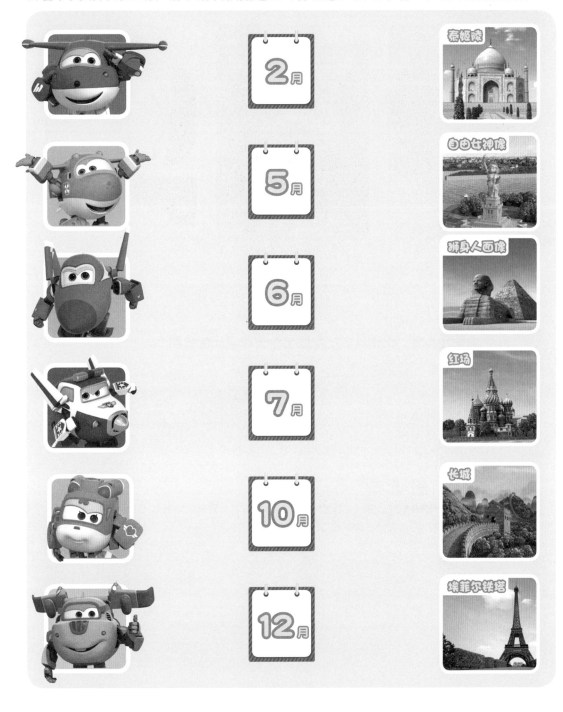

三个女孩的快递

美丽宝
6月4日

莱拉妮
6月5日

林比雅
6月6日

今天是 6 月 5 日，请你看图说一说乐迪今天给谁送了包裹？再用红笔画出乐迪昨天给谁送的包裹，用蓝笔画出乐迪明天又要给谁送包裹吧。

昨天是 6 月 8 日，请你从日历中圈出今天和明天的日期。

6月						
日	一	二	三	四	五	六
				1	2	3
4	5	6	7	8	9	10
11	12	13	14	15	16	17
18	19	20	21	22	23	24
25	26	27	28	29	30	

14

乐迪每天都很辛苦地送包裹。请你将乐迪送包裹的时间、地点和收包裹的小朋友用线连起来吧。

昨天
8月8日
给俄罗斯的尤利送包裹。

明天
8月10日
给刚果的露露送包裹。

今天
8月9日
给巴西的卡美拉送包裹。

卡美拉

刚果

尤利

俄罗斯

露露

巴西

小朋友，请你在下面的日历上画出昨天你做了什么，今天做了什么，明天打算做什么吧。

昨天

今天

明天

超级飞侠的周计划表

下面这张表格是超级飞侠的周计划表。

	超级飞侠	目的地
星期日		
星期一		
星期二		
星期三		
星期四		
星期五		
星期六		

小朋友，请你根据超级飞侠的周计划表，把超级飞侠和他们这一周内去的国家用线连起来吧。请你看图说说一周有几天，分别是什么吧。

| 星期日 | 星期四 | 星期二 | 星期三 | 星期五 | 星期六 | 星期一 |

小朋友，看了超级飞侠的周计划表，我们自己也做一个吧，把你下周计划的事写出来吧。

森巴大巡游

2月						
日	一	二	三	四	五	六
			1	2	3	4
5	6	7	8	9	10	11
12	13	14	15	16	17	18
19	20	21	22	23	24	25
26	27	28				

小朋友，请你看图说一说这是 _____ 月，这个月有 _____ 天。

请你看图说一说这是几月，再说一说这个月有什么特点吧。

3月						
日	一	二	三	四	五	六
			1	2	3	4
5	6	7	8	9	10	11
12	13	14	15	16	17	18
19	20	21	22	23	24	25
26	27	28	29	30	31	

6月						
日	一	二	三	四	五	六
				1	2	3
4	5	6	7	8	9	10
11	12	13	14	15	16	17
18	19	20	21	22	23	24
25	26	27	28	29	30	

_____ 月有 _____ 天。

_____ 月有 _____ 天。

请你根据乐迪的提示，在日历中画出相应的时间，再把时间和地点用线连起来吧。

12月
9 日
去芬兰送包裹

9月
19 日
去意大利送包裹

4月
12 日
去伦敦送包裹

7月
20 日
去肯尼亚送包裹

‹	4 月					›
日	一	二	三	四	五	六
						1
2	3	4	5	6	7	8
9	10	11	12	13	14	15
16	17	18	19	20	21	22
23	24	25	26	27	28	29
30						

‹	7 月					›
日	一	二	三	四	五	六
						1
2	3	4	5	6	7	8
9	10	11	12	13	14	15
16	17	18	19	20	21	22
23	24	25	26	27	28	29
30	31					

‹	9 月					›
日	一	二	三	四	五	六
					1	2
3	4	5	6	7	8	9
10	11	12	13	14	15	16
17	18	19	20	21	22	23
24	25	26	27	28	29	30

‹	12 月					›
日	一	二	三	四	五	六
					1	2
3	4	5	6	7	8	9
10	11	12	13	14	15	16
17	18	19	20	21	22	23
24	25	26	27	28	29	30
31						

伦敦

意大利

芬兰

肯尼亚

认识年

和超级飞侠一起认识年

请你看图说一说一年有＿＿＿＿个月，每个月分别有＿＿＿＿、＿＿＿＿或＿＿＿＿天。

2018

01月 JANUARY
日	一	二	三	四	五	六
1	2	3	4	5	6	
7	8	9	10	11	12	13
14	15	16	17	18	19	20
21	22	23	24	25	26	27
28	29	30	31			

02月 FEBRUARY
日	一	二	三	四	五	六
				1	2	3
4	5	6	7	8	9	10
11	12	13	14	15	16	17
18	19	20	21	22	23	24
25	26	27	28			

03月 MARCH
日	一	二	三	四	五	六
				1	2	3
4	5	6	7	8	9	10
11	12	13	14	15	16	17
18	19	20	21	22	23	24
25	26	27	28	29	30	31

04月 APRIL
日	一	二	三	四	五	六
1	2	3	4	5	6	7
8	9	10	11	12	13	14
15	16	17	18	19	20	21
22	23	24	25	26	27	28
29	30					

05月 MAY
日	一	二	三	四	五	六
		1	2	3	4	5
6	7	8	9	10	11	12
13	14	15	16	17	18	19
20	21	22	23	24	25	26
27	28	29	30	31		

06月 JUNE
日	一	二	三	四	五	六
					1	2
3	4	5	6	7	8	9
10	11	12	13	14	15	16
17	18	19	20	21	22	23
24	25	26	27	28	29	30

07月 JULY
日	一	二	三	四	五	六
1	2	3	4	5	6	7
8	9	10	11	12	13	14
15	16	17	18	19	20	21
22	23	24	25	26	27	28
29	30	31				

08月 AUGUST
日	一	二	三	四	五	六
			1	2	3	4
5	6	7	8	9	10	11
12	13	14	15	16	17	18
19	20	21	22	23	24	25
26	27	28	29	30	31	

09月 SEPTEMBER
日	一	二	三	四	五	六
						1
2	3	4	5	6	7	8
9	10	11	12	13	14	15
16	17	18	19	20	21	22
23	24	25	26	27	28	29
30						

10月 OCTOBER
日	一	二	三	四	五	六
	1	2	3	4	5	6
7	8	9	10	11	12	13
14	15	16	17	18	19	20
21	22	23	24	25	26	27
28	29	30	31			

11月 NOVEMBER
日	一	二	三	四	五	六
				1	2	3
4	5	6	7	8	9	10
11	12	13	14	15	16	17
18	19	20	21	22	23	24
25	26	27	28	29	30	

12月 DECEMBER
日	一	二	三	四	五	六
						1
2	3	4	5	6	7	8
9	10	11	12	13	14	15
16	17	18	19	20	21	22
23	24	25	26	27	28	29
30	31					

20

请你根据乐迪的提示，将相应的时间、地点、人物用线连起来吧。

 2016年我去了法国，给马天尼送包裹。

 2016年我去了荷兰，给威林送包裹。

 2016年我去了美国，给伟利送包裹。

 2016年我去了澳大利亚，给露比送包裹。

 2016年我去了中国，给小云送包裹。

 2016年我去了印度，给米娜送包裹。

 2016年我去了希腊，给尼克斯送包裹。

 2016年我去了阿联酋，给萨伊送包裹。

 阿联酋
 美国
 荷兰
 法国
 澳大利亚
 印度
 中国
 希腊

 伟利
 威林
 马天尼
 露比
 米娜
 小云
 尼克斯
 萨伊

21

丹麦恐龙大暴走

小朋友,请你看图说一说这是什么季节,你是从哪里看出来的? 请圈出来吧。

请你看图说一说哪个小朋友穿的不是春天的衣服,用绿色的笔圈出来吧。

小朋友,看看这张图,说一说他们在干什么？你在春天会做什么呢?

小朋友，请你画出你眼中的春天吧!

刚果的演奏

小朋友,请你看图说一说这是什么季节,你是从哪里看出来的? 请圈出来吧。

请你看图说一说哪个或哪些小朋友穿的不是夏天的衣服, 用绿色的笔圈出来吧。

24

下面两幅图中有 5 处不同，请你找一找吧。再说一说这是什么季节，你是从哪里看出来的？

这是 _____，通过 _____ 来分辨。

秘鲁画画大作战

小朋友,请你看图说一说这是什么季节,你是从哪里看出来的? 请圈出来吧。

请你看图说一说哪个小朋友穿着秋天的衣服,用红色的笔圈出来吧。

26

小朋友，下图中的玉米地代表了三个季节的变化。请你根据玉米的生长情况，在空白处填出季节的名称吧。

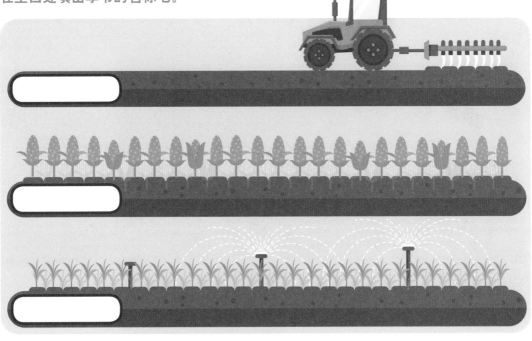

小朋友，请你画出你眼中的秋天吧。

北极大冒险

小朋友,请你看图说一说这是什么季节,你是从哪里看出来的? 请圈出来吧。

请你看图说一说哪些小朋友穿的不是冬天的衣服,用红色的笔圈出来吧。

28

下面两幅图中有 5 处不同，请你找一找吧。再说一说这是什么季节，你从哪里看出来的？

这是 ＿＿＿＿＿＿，通过 ＿＿＿＿＿＿＿＿＿＿ 来分辨。

超级飞侠带你认钟表

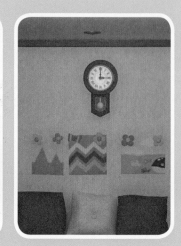

小朋友,请你看图说一说,三幅图里都有_____,它们的共同特点是什么?

请你根据提示,找一找图中的钟表缺少什么,把缺少的部分画出来吧。

在下列场景中，最适合用哪些钟表，先找出相应的钟表，再用线连起来吧。

超级飞侠教你认整点

请你看图找出钟表在哪里，钟表显示的时间是 _____ 点。

请你找出图中哪个钟表显示的时间是 8 点，用红色的笔圈出来吧。

乐迪、酷飞、多多、小爱、包警长、小青和卡文今天都要完成各自的飞行训练，他们的飞行训练时间都在下午，分别是 1:00、2:00、3:00、4:00、5:00、6:00 和 7:00。请把超级飞侠、钟表显示时间和飞行训练时间连接起来。

超级飞侠教你认半点

每时每刻，准时送达！

这一天，酷飞负责送包裹。酷飞给小女孩耐仁准时送达了包裹。请小朋友看一看图上的时钟，钟表显示的时间是_____。

请你找出图中哪个钟表显示的时间是 2:30 分，用红色的笔圈出来吧。

11:30 到了，耐仁该给小象胖胖洗澡了，酷飞也要帮忙。请在时钟上标出时间。

在给小象胖胖洗澡的过程中，酷飞遇到了麻烦，金宝派乐迪去帮忙，乐迪完美地解决了问题。解决完问题，乐迪和酷飞在下午 2:30 和耐仁他们告别了。请在下面的时钟上标出时间。

超级飞侠教你认生肖

36

小朋友，请你看图说一说图中有哪些动物，请把不属于十二生肖的动物圈出来吧。

请你将图中属于十二生肖的动物用红笔圈出来吧。

请你按照十二生肖的顺序走一走迷宫。再说一说迷宫里缺少的生肖动物是什么，它们分别在十二生肖里排第几位，并把它们画出来吧。

秘鲁的冲天飞行

请你按照故事的正确顺序，在图旁的圆圈里标上相应的序号。

乐迪给皮拉尔送来快递。
皮拉尔和他的小伙伴们的梦想是当飞行员。

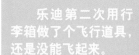

乐迪第二次用行李箱做了个飞行道具，还是没能飞起来。

乐迪第一次用木板做了个飞行道具，但是没能飞起来。

乐迪毫不灰心，进行了第三次尝试。他在木板箱下加了几根弹簧，但还是以失败告终。

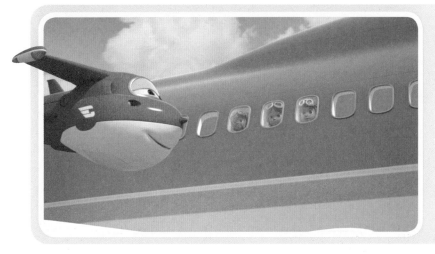

在乐迪和大鹏的共同努力下，孩子们终于实现了飞天梦。

乐迪呼叫总部，金宝派大鹏前来支援。

生日嘉年华

　　乐迪给住在墨西哥的双胞胎兄弟杜马斯和曼埃尔送包裹：一个是小马的皮纳塔，一个是太空人的皮纳塔。兄弟俩在后院里举办了生日嘉年华……请小朋友根据文字描述，填上正确的序号。

○ 包警长和乐迪找到了皮纳塔，生日嘉年华顺利举行。

○ 双胞胎兄弟收到各自的皮纳塔。

○ 兄弟二人和妈妈一起布置生日嘉年华。

○ 皮纳塔被风吹走，包警长和乐迪一起寻找失踪的皮纳塔。

孟加拉的水上单车

乐迪给住在孟加拉国的璐玛送去了一辆单车，璐玛在学骑单车的过程中发生了几件事情。请小朋友根据事件的顺序，填上正确的序号。

璐玛骑上水上单车顺利渡过了河。

乐迪给璐玛送包裹——一辆单车。

他们准备回家的时候，下起了雨，多多赶到，把单车改装成水上单车。

在乐迪的指导下，璐玛很快学会了骑车。

瑞士大奶酪

乐迪今天的新任务是给住在瑞士阿尔卑斯山上的斯文送去一枚奶酪图章。斯文要用图章在他自制的奶酪上做标记。下面是他制作奶酪的过程。请小朋友根据文字描述，填上正确的序号。

其次，需要搅拌牛奶。

最后，在制作好的奶酪上盖章。

首先，需要挤牛奶。

接下来，制作奶酪。

42

巴黎铁塔上的甜蜜

住在巴黎的马天尼要为巴黎铁塔派对上的蛋糕进行装饰，乐迪及时给她送来一套装饰工具。收到装饰工具后，她邀请乐迪一起装饰蛋糕。请小朋友根据文字描述，填上正确的序号。

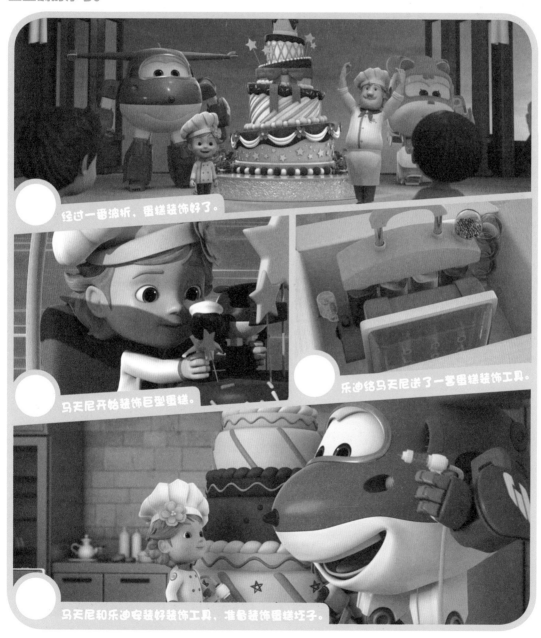

经过一番波折，蛋糕装饰好了。

马天尼开始装饰巨型蛋糕。

乐迪给马天尼送了一套蛋糕装饰工具。

马天尼和乐迪安装好装饰工具，准备装饰蛋糕坯子。

P4 这是上午。

P7 下午，影子和营业时间来分辨。

P5

上午，挂钟的时间，
窗外是白天来分辨。

P8 这是白天。

P9 白天，光线和蓝天来分辨。

P6 这是下午。

P10 这是晚上。

44

P11 晚上，窗外是黑的来分辨。

P14

6月

日	一	二	三	四	五	六
				1	2	3
4	5	6	7	8	9	10
11	12	13	14	15	16	17
18	19	20	21	22	23	24
25	26	27	28	29	30	

P12 12月22日是冬至，星期五

6月 1日儿童节，星期四
10月 1日国庆节，星期日
10月 4日中秋节，星期三
10月28日重阳节，星期六

P15

P13

P17

P18

这是2月，这个月28天。

3月有31天。
6月有30天。

P20

2018年有12月，每个月分别有28、30或31天。

P27

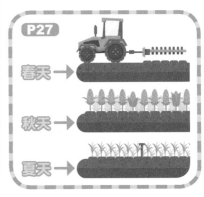

春天 →
秋天 →
夏天 →

45

答案

P19

P21

法国
马天尼

荷兰
威林

美国
伟利

澳大利亚
露比

中国
小云

印度
米娜

希腊
尼克斯

阿联酋
萨伊

P22 春天。

P25

这是夏天，通过小朋友的衣服来分辨。

P24 夏天。

P26 秋天。

P30

P28 冬天。

P31

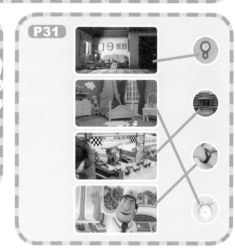

P29

这是冬天，通过衣服和冰雪来分辨。

P32

钟表显示的时间是
3点。

P34

钟表显示的时间是
10:30。

P35

47

答案

P33

1:00　2:00　3:00　4:00　5:00　6:00　7:00

P36

P38-39

① ④
③ ⑥
② ⑤

P37

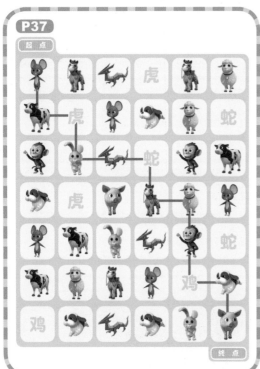

起点

虎　　蛇　　蛇　　蛇　　鸡

终点

P40

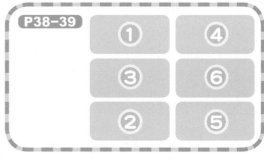

④
① ②
③

P41

④
① ②
③

P42

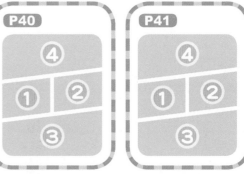

②
① ④
③

P43

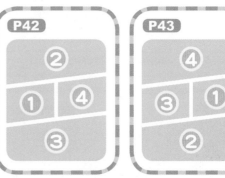

④
③ ①
②

48